SIEBENTER JAHRESBERICHT

DER

WISSENSCHAFTLICHEN GESELLSCHAFT IN STRASSBURG

ERSTATTET

BEI DER JAHRESVERSAMMLUNG AM 12. JULI 1913

VON

HARRY BRESSLAU.

MIT DEM VERZEICHNIS

DER MITGLIEDER DER GESELLSCHAFT.

STRASSBURG
VERLAG VON KARL J. TRÜBNER
1914.

Hochansehnliche Versammlung!

Indem ich die siebente öffentliche Sitzung unserer Wissenschaftlichen Gesellschaft eröffne, ist es mir eine angenehme Pflicht und eine Freude, die Gönner und Freunde unserer Arbeiten und Bestrebungen, die uns die Ehre erwiesen haben unserer Einladung Folge zu leisten, namens der Gesellschaft zu begrüßen und ihnen für ihr Erscheinen unseren verbindlichsten Dank auszusprechen. Aufrichtigen und warmen Dank habe ich auch den akademischen Behörden zu sagen, die uns nicht nur heute wie früher für unsere öffentlichen und geschlossenen Sitzungen die schönen Festräume der Universität zur Verfügung gestellt, sondern uns nunmehr auch für unser Archiv und für die Sitzungen unseres Ausschusses ein festes Heim bereitet haben, indem durch übereinstimmende Beschlüsse des Kuratoriums, des akademischen Senats und der philosophischen Fakultät ein neben dem Senatssaal belegenes Zimmer unserer Gesellschaft zur dauernder Mitbenutzung überlassen worden ist.

Das siebente Lebensjahr unserer Gesellschaft, über das ich heute zu berichten habe, ist in ruhiger und, wie ich hoffe, nicht fruchtloser Arbeit verlaufen. Von der Reihe unserer Schriften sind zwei Hefte ausgegeben worden; das 16., das eine eindringende Untersuchung von Herrn Rehm über die standesherrliche Schiedsgerichtsbarkeit, ihre Zulässigkeit und ihre Grenzen im heutigen Recht enthält, und das 17., in dem, außer dem 6. Jahresbericht, der anziehende und formvollendete Vortrag über chemische Steuerungsvorgänge im Tierkörper, den Herr Hofmeister vor einem Jahre an dieser Stelle gehalten hat, weiteren Kreisen zugänglich gemacht worden ist. In diesem 17. Heft ist zum ersten Male in unseren Schriften die mathematisch-naturwissenschaftliche Klasse unserer Gesellschaft (wenn ich diesen Ausdruck bei unserer, eine eigentliche Klasseneinteilung nicht kennenden Verfassung gebrauchen darf) zum Worte gekommen, und ich freue mich, schon jetzt ankündigen zu können, daß das von Herrn Hofmeister gegebene gute Beispiel nicht lange ohne Nachfolge bleiben wird. Nachdem nämlich das im November 1909 auf den Flanken des Piks von Teneriffa gegründete geophysikalische und aerologische Observatorium seine Aufgabe im Anfange dieses Jahres im wesentlichen vollendet hat, steht jetzt die Bearbeitung und Veröffentlichung der dort gemachten, unter den verschiedensten Gesichtspunkten wichtigen Beobachtungen unmittelbar bevor; und Ihr Ausschuß hat auf den Antrag des Herrn Hergesell beschlossen, diese Publikation in die Reihe unsrer Schriften aufzunehmen, in der sie drei, im Laufe der nächsten drei Jahre erscheinende Hefte füllen soll. Ein weiteres, schon beschlossenes Heft wird religions- und kirchengeschichtlich interessante koptische Texte, hauptsächlich aus einer Handschrift des 7. Jahrh. zu Cheltenham, darbieten, zu deren Herausgabe sich die Herren Crum und Ehrhard verbunden haben. Andere Hefte, in denen einerseits die interessante Sammlung ägyptischer Ostraka, die S. K. H. der Prinz Joachim von Preußen unserer Universität zum Geschenk gemacht hat, publiziert werden soll, andererseits eine nicht unbeträchtliche Anzahl bisher ungedruckter Urkunden zur Geschichte Straßburgs und des Elsaß im späteren Mittelalter bekannt gemacht werden soll, sind in der Vorbereitung begriffen; endlich dürfen wir auch von Herrn Schwartz weitere wertvolle Beiträge zu unseren Schriften erwarten, die mit seinen Vorarbeiten für das Konzilienwerk zusammenhängen.

Für eine so gesteigerte Tätigkeit in der Publikation unserer Schriften ist es sehr willkommen, daß zu den dafür verwendbaren Erträgnissen der Trübnerstiftung jetzt noch die Einnahmen hinzutreten, die uns aus dem Erlös für den Verkauf unserer früher erschienenen Schriften zufließen. Sie belaufen sich im verflossenen Jahre auf den ansehnlichen Betrag von 7600 Mk., von denen wir 3000 Mk. zur Rückzahlung eines von der Cunitzrepräsentation für die Publikation des Alexandersarkophags bewilligten Darlehens verwandt haben und 4600 Mk. dem allgemeinen Fonds unserer Gesellschaft, über den wir ganz frei verfügen können, zuführen. Für die nächsten Jahre werden wir allerdings mit auch nur annähernd gleichen Eingängen nicht rechnen können, sondern uns auf sehr viel kleinere Einnahmen beschränkt sehen; immerhin hat sich der seiner Zeit mit der Trübnerschen Buchhandlung abgeschlossene Vertrag über den Kommissionsverlag unserer Schriften doch als recht nützlich erwiesen.

Außerhalb der geschlossenen Reihe unserer Schriften sind von dem Sammelbuch griechischer Urkunden aus Ägypten, das Herr Preisigke im Auftrage unserer Gesellschaft mit unermüdetem Fleiße bearbeitet, bereits zwei Lieferungen erschienen, die der heutigen Mitgliederversammlung vorgelegt werden können. Ebenso freue ich mich, dieser Versammlung die seit längerer Zeit vorbereitete und eben vollendete Gedenkschrift auf Adolf Michaelis vorlegen zu können, die in den nächsten Wochen an alle Mitglieder versandt werden soll. Sie enthält neben einer Autobiographie und einem Portrait von Michaelis die Gedenkworte, welche die Herren Ziegler, Keil und Winter für unsere Gesellschaft, für die philosophische Fakultät und die Straßburger Graeca und für das Kaiserl. Archäologische Institut unserem unvergeßlichen ersten Präsidenten nach seinem Hinscheiden gewidmet haben, ferner als Hauptstück ein mit größter Sorgfalt bearbeitetes vollständiges Verzeichnis seiner Schriften. Um die Herstellung des über drei Bogen starken Heftes haben sich die Herren Keil und Winter besonders verdient gemacht, denen für die geschmackvolle Ausstattung der Schrift Herr Ficker beratend zur Seite gestanden hat.

Unser großes Unternehmen der Ausgabe der Acta conciliorum oecumenicorum, die auf etwa 20 Text- und 6 Registerbände berechnet ist, ist dank der bewundernswerten Arbeitskraft des Herrn Schwartz an dem entscheidenden Punkte angelangt, an dem es vor die Öffentlichkeit treten kann. Die heutige Mitgliederversammlung wird über einen Verlagskontrakt für diese Ausgabe zu beschließen haben; der Druck des ersten Bandes kann in allernächster Zeit beginnen. Leider ist es nicht der Band, mit dem ursprünglich der Anfang der Edition gemacht werden sollte; für ihn wäre noch eine Handschrift aus einem der Athosklöster heranzuziehen, und das ist bei den jetzigen Verhältnissen im nahen Orient unmöglich: so wirkt es selbst auf unsere friedliche gelehrte Arbeit störend ein, daß hinten fern in der Türkei die Völker aufeinanderschlagen.

Auch die Vorarbeiten für das jüngste unserer wissenschaftlichen Unternehmen, den Index zu den posttheodosianischen Novellen, das Herr Gradenwitz leitet, sind regelmäßig fortgeschritten; die Ordnung der Zettel, die dem stud. phil. M. Castor anvertraut ist, ist so weit gediehen, daß in wenigen Wochen der Abschluß dieser Ordnungsarbeit erwartet werden kann.

Zu diesem aus dem Vorjahr übernommenen ist im laufenden Jahre eine neue große Aufgabe hinzugetreten, die sich unsere Gesellschaft in Gemeinschaft mit der Heidelberger Akademie der Wissenschaften gestellt hat: es ist mir eine Freude, berichten zu können, daß damit der von mir vor einem Jahre an dieser Stelle geäußerte Wunsch eines gedeihlichen Zusammenwirkens der neugegründeten gelehrten Gesellschaften am Oberrhein schneller, als ich zu hoffen wagte, in Erfüllung gegangen ist. Die Bearbeitung eines großen Wörterbuches der Papyrologie, die wir gemeinsam mit der Heidelberger Akademie beschlossen und für die wir, wie die Schwesteranstalt, 5000 Mk., zahlbar in 5 Jahresraten von 1914 ab, bewilligt haben, während weitere 5000 Mk. von dritter privater Seite gestiftet worden sind, wird in dem heute beginnenden Geschäftsjahre in Angriff genommen und von dem Herausgeber Herrn Preisigke mit der ihm eigenen Energie und Arbeitsfreudigkeit gefördert werden.

Für das Papyruskartell haben wir im abgelaufenen Jahre keine neuen Bewilligungen zu machen gehabt. Die Verhandlungen über seine Erneuerung sind noch nicht abgeschlossen, und wir müssen uns unsere Entscheidung über unsere fernere Teilnahme daran noch vorbehalten. Für einen im vorigen Jahre gemachten Ankauf waren aus früheren Bewilligungen noch ausreichende Mittel vorhanden. Für den Thesaurus linguae latinae haben wir wiederum 600 Mk. beigesteuert und uns so an dem großen gemeinsamen Werke der deutschen Akademie nach dem Maße unserer Kräfte beteiligt.

Außer den größeren wissenschaftlichen Unternehmungen, die durch uns ins Leben gerufen oder unterstützt worden sind, haben wir auch anderweit, soviel unsere Mittel gestatteten, den Gesuchen um Subventionierung privater wissenschaftlicher Arbeit gerecht zu werden gesucht. So haben wir Herrn Dr. Stroux 500 Mk. zur Förderung seiner Studien über die handschriftliche Überlieferung der rhetorischen Schriften Ciceros, Herrn Prof. Rosenthaler 200 Mk. zur Unterstützung seiner Arbeiten über das Saponin, der Kaiserl. Universitäts- und Landesbibliothek 400 Mk. zur Herausgabe von Katalogen ihrer deutschen und griechischen Handschriften bewilligt. Die uns von der philosophischen Fakultät überwiesene Summe von 1050 Mk. aus der Engelmannstiftung ist dem Privatdozenten an der Münchener philosophischen Fakultät Herrn Dr. Kehrer zur Unterstützung seiner Studien über die spanische Kunst im 17. Jahrhundert zuerkannt worden; über den gleichen Betrag, der uns für das laufende Jahr zur Verfügung gestellt ist, wird die Mitgliederversammlung im November zu beschließen haben.

Die zwei regelmäßigen Mitgliederversammlungen des abgelaufenen Geschäftsjahres haben am 23. November 1912 und am 15. Februar 1913 stattgefunden; in der ersten hat Herr Lobstein uns durch einen anziehenden Vortrag in die Ergebnisse seiner Studien über die Religion Rousseaus einblicken und damit auch unsere Gesellschaft an der Hundertjahrfeier des großen Denkers teilnehmen lassen; in der zweiten hat Herr Winter uns in die Welt des hellenistischen Pompeji eingeführt, deren Erforschung er seit einigen Jahren seine Arbeitskraft und sein glänzendes Talent widmet.

Es war voraussichtlich für längere Zeit das letzte Wort, das Herr Winter in unserem Kreise gesprochen hat. Denn mit dem Schluß des vorigen Semesters hat er Straßburg verlassen, um nach Bonn überzusiedeln; gleichzeitig mit ihm ist Herr Czerny einem Rufe nach Berlin gefolgt. Schon vorher im Herbst 1912 haben die Herren Bäumker, Biedert und Laqueur ihren Wohnsitz nach München, Darmstadt und Gießen verlegt und sind damit wie die zwei vorhergenannten aus der Reihe der ordentlichen in die der auswärtigen Mitglieder übergetreten. Wir hoffen und wünschen, daß sie der Zugehörigkeit zu unserer Gesellschaft auch in der neuen Heimat eingedenk und dadurch dauernd mit uns verbunden bleiben.

Ganz verloren haben wir im abgelaufenen Jahre vier unserer Mitglieder, die der Tod aus unseren Reihen abberufen hat: am 5. August 1912 Herrn Ernst Becker, der unserer Gesellschaft mit ihrer Gründung angehörig,

1909 als auswärtiges Mitglied nach Freiburg übergesiedelt war, am 2. Januar 1913 Herrn Julius Euting, den Meister der semitischen Epigraphik, den unermüdlichen Wanderer im fernen Osten und in den heimischen Bergen, der in Stadt und Land vielleicht der populärste Mann aus unserem Kreise war, am 17. Mai 1913 Herrn Heinrich Weber, den großen Mathematiker und liebenswürdig gütigen Kollegen, den Rektor dreier Hochschulen, der neben fruchtbringendster Arbeit in seiner Wissenschaft stets die Zeit fand, an den allgemeinen Interessen den lebendigsten Anteil zu nehmen, einen der Gründer unserer Gesellschaft und seit dem Juli 1912 Mitglied ihres Ausschusses, endlich am 11. Juni dieses Jahres Herrn Eduard Holzapfel, einen in seinem Fach hervorragenden Gelehrten, dessen letzte Lebenszeit durch schweres Leid getrübt war, bis ihn selbst eine tückische Krankheit dahinraffte.

Wir gedenken der dahingeschiedenen Kollegen in Treue und Dankbarkeit, und wir begrüßen zugleich — denn eine Gesellschaft wie die unsrige muß über Tod und Abschied hinweg sich immer neu verjüngen — wir begrüßen zugleich die Mitglieder, die in dem abgelaufenen Jahre durch Wahl in unseren Kreis eingetreten sind: Herrn Emil Bronnert aus Niedermorschweiler, Herrn Joseph Clauß aus Schlettstadt, Herrn Adolf Hecker, Herrn Paul Manasse und Herrn Edgar Wedekind aus Straßburg. Wir heißen sie auch öffentlich willkommen und wünschen und hoffen, daß sie an unseren Arbeiten gern und tatkräftig teilnehmen. Denn solcher Anteilnahme ihrer Mitglieder bedarf unsere Gesellschaft gerade bei der ihr eigenen Verfassung, um sich auf die Dauer gedeihlich weiter zu entwickeln. Sie bedarf ihrer, weil sie nicht bloß aus einer kleinen Schar auserwählter Akademiker besteht, sondern alle, die mit unserer Universität durch ein festes Band verbunden sind und darüber hinaus eine Anzahl der wissenschaftlich meist interessierten und bestqualifizierten Kräfte des ganzen Landes in sich zu vereinigen bemüht ist, und weil sie die wichtigsten Entscheidungen der so zusammengesetzten Gesamtheit ihrer Mitglieder, nicht wenigen leitenden Personen anvertraut. Wenn aber diese lebendige Anteilnahme ihrer Mitglieder, wie sie bisher vorhanden war, unserer Vereinigung auch ferner erhalten bleibt, so dürfen wir zuversichtlich erwarten, daß das Leben der Straßburger Wissenschaftlichen Gesellschaft sich auch in Zukunft in aufsteigender Linie bewegen wird, der Wissenschaft, unserer Hochschule und unserem Lande zur Ehre und zum Heile.

VERZEICHNIS DER MITGLIEDER
DER
WISSENSCHAFTLICHEN GESELLSCHAFT ZU STRASSBURG
(1. Januar 1914)

1. ORDENTLICHE MITGLIEDER:

Albrecht, P.
Anrich, G.
Back, O.
Bauschinger, J.
Bayer, H.
Böckenhoff, K.
Bour, S., in Metz.
Braun, F.
Bresslau, H.
Bronnert, E., in Niedermorschweiler.
Bücking, H.
Cahn, A.
van Calker, F.
Clauss, J., in Schlettstadt.
Chiari, H.
Cohn, E.
Dehio, G.
Döderlein, L.
Ehrhard, A.
Ernst, Chr., in Metz.
Ewald, R.
Fahrner, I.
Fehling, H.
Ficker, J.
Gerland, G.
Goette, A.
Hecker, Ad.
Hecker, O.
Heinisch, P.
Henning, R.
Hergesell, H.
Hertel, E.
Hofmeister, F.
Jost, L.
Jung, E.
Kaiser, H.
Keil, B.
Keune, B., in Metz.
Kisch, W.
Klostermann, E.
Knapp, G. F.
Kohlrausch, Ed.
Koeppel, E.
Kröll, H.
Küchler, F.
Laband, P.
Landauer, S.
Lang, A.
Ledderhose, E.
Lenel, W.
Leumann, E.
Levy, E.
Littmann, E.
Lobstein, P.
Madelung, O. W.
Manasse, P.
Mayer, E.
Mayer, M. E.
Molitor, H., in Colmar.
Müller, E.
Neumann, K. J.
Nöldeke, Th.
Nölting, E., in Mülhausen.
Nowack, W.
Plasberg, O.
Preisigke, F.
Rathgen, B.
Rehm, H.
Reye, Th.
Rohr, I.
Sapper, K.
Sartorius, Frh. v. Waltershausen, A.
Schmiedeberg, O.
Schorbach, K.
Schultz, F.
Schultz-Gora, O.
Schultze, A. S.
Schur, F.
Schwalbe, G.
Simon, M.
Smend, J.
Graf zu Solms-Laubach, H.
Spahn, M.
Spiegelberg, W.
Spitta, F.
Stapper, R.
Stilling, J.
Störring, G.
Thiele, J.
Thrämer, E.
Thumb, A.
von Tuhr, A.
Uhlenhuth, P.
Wedekind, E.
Weidenreich, F.
Wellstein, J.
Wenckebach, F.
Wiegand, W.
Winckelmann, O.
Wittich, W.
Wolfram, G.
Wollenberg, R.

2. AUSWÄRTIGE MITGLIEDER:

Bäumker, Cl., in München.
Beneschewitsch, Wl., in St. Petersburg.
Beer, G., in Heidelberg.
Biedert, Ph., in Darmstadt.
Czerny, A., in Berlin.
von Dobschütz, E., in Halle.
Faulhaber, M., in Speyer.
Gradenwitz, O., in Heidelberg.
Krazer, A., in Karlsruhe.
Laqueur, R., in Gießen.
Lenel, O., in Freiburg.
Mayer, O., in Leipzig.
Meinecke, F., Freiburg i. Br.
Moritz, F., in Köln.
Reitzenstein, R., in Freiburg in Br.
Schramm, E., in Bautzen.
Schüle, H., in Illenau.
Schwartz, E., in Freiburg i. Br.
Timann, F., in Berlin.
Windelband, W., in Heidelberg.
Winter, F., in Bonn.
Zahn, J., in Würzburg.
Ziegler, Th., in Frankfurt a. M.

GESCHÄFTSFÜHRENDER AUSSCHUSS:

Vorsitzender: H. Bresslau.
Stellvertretender Vorsitzender: G. Schwalbe.
Schriftführer: J. Ficker.
Stellvertretender Schriftführer: W. Wiegand.
Kassenführer: H. Rehm.
Beisitzer: J. Bauschinger, A. Ehrhard.

FSC
www.fsc.org
MIX
Papier | Fördert gute Waldnutzung
FSC® C083411

Kolibri 360 GmbH
Ferdinand-Jühlke-Straße 7
99095 Erfurt, Deutschland
produktsicherheit@kolibri360.de